少儿启蒙编程

爸爸的"神秘魔法"

杜大国 董冰 张航◎著　一辉映画◎绘

知识点
ZHI SHI DIAN

1. 算法　2. 桶排序　3. 选择排序
4. 冒泡排序　5. 插入排序

海豚出版社
DOLPHIN BOOKS
CICG 中国国际传播集团

前言
QIAN YAN

[本书内容]
BEN SHU NEI RONG

爸爸的每种"神秘魔法"，其实都是一种算法，看上去高深的算法，在生活中却很常见，比如整理书籍、陈列商品。

[概 念]
GAI NIAN

在计算机领域，算法作为一个精心设计的运算序列，描述了计算机如何将输入转化为输出的过程。

[它能实现什么]
TA NENG SHI XIAN SHEN ME

算法可以解决问题，利用计算机程序设计语言描述算法，实现问题求解的过程就是编程。计算机最擅长的工作之一就是找规律，将"无序"的记录序列按照规律调整为"有序"的记录序列，也就是排序，排序后得到自己需要的东西，就是检索。

[开卷有益]
KAI JUAN YOU YI

掌握了算法以及排序和检索，生活中的很多事情就变得容易了，当我们排列物品、寻找目标时会发现它们可帮了大忙。

目录
MU LU

第一章
爸爸的 "魔法" （一）

桶排序

暨假到了，希希制订了假期计划。

爸爸妈妈，我做了暑期计划！

爸爸妈妈你看看我，我看看你，除了第一条，他们都懂。

希希的假期计划
1.夺回我的房间
2.完成我的作业
3.玩
4.玩
5.玩
6.玩
7.玩
8.玩
9.玩
10.玩
-结束-

【编程小词典】

算法

　　在计算机领域，算法作为一个精心设计的运算序列，描述了计算机如何将输入转化为输出的过程。

我们一起用算法夺回房间，恢复秩序。

06

【编程小词典】

排序算法

　　用于将元素按照顺序进行排列的算法。

08

【编程小词典】

桶排序

按照元素不同的特征，列出多个桶，将相同特征的元素放在同一个桶里，然后对每个桶中的元素进行排序。

相同系列的玩具放入一个"桶"中了！

只见希希把机器人系列放在桌子上，毛绒玩具系列放在地上，怪兽手办系列放在床上，刀枪系列放在窗台上……

12

【编程小词典】

算法的特征

1.有穷性，即能在执行有限个步骤后终止；

2.确切性，即每个步骤必须有确切的定义；

3.输入项，即一个算法有0个或多个输入，用来描述初始情况；

4.输出项，即一个算法有1个或多个输出，没有输出的算法就没有意义；

5.可行性，即每个计算步骤都可以在有限时间内完成。

它体现在生活中的方方面面，你能说出生活中还有哪些地方用到桶排序吗？

第二章

爸爸的"魔法"（二）

选择排序

接下来我们要把玩具放回柜子里，不能让它们一直占据着希希的房间。

保证完成任务！

18

希希接到爸爸的指令，抱起一堆毛绒玩具就往柜子里放。爸爸阻止了希希，告诉他这样放回去还是会乱七八糟的，便又开始施展第二个"魔法"。

希希蹲在地上，认真地比较着机器人们的个头儿，他发现红汽车是最高的，就把红汽车和最后一个黄猪侠调换了位置，这下最高的红汽车就在最后面了。

接下来，希希开始了下一轮的比较，
小朋友们能帮助希希找到下一个最高的机器人吗？

来帮帮我吧！

我发现在剩下的机器人中，最前面的灰恐龙是最高的，我把最高的灰恐龙和后面的白勇士互换了位置。

1

3

2

4

25

希希继续比较剩下的机器人，这下发现绿豆角是最高的，希希把绿豆角和黄猪侠互换了位置。

那么你俩互换一下吧！

26

看我的魔法！

【编程小词典】

选择排序

第一次从待排序的元素中选出最小或最大的元素，放在序列的起始位置，再从剩余元素中继续寻找最小或最大的元素，放到已排序序列的末位。以此类推，直到全部排序完毕。

机器人的排序是在队伍中依次比较，先找出最高的排在最后面，然后在剩下的机器人中再找出最高的排在后面……直到最后只有一个时，队伍就排好了。

第三章
爸爸的"魔法"(三)

冒泡排序

【编程小词典】

冒泡排序

冒泡排序是一种通过"比较—交换"进行排序的方法,首先将第1个数据和第2个数据比较,若为逆序,则将两个数据交换位置;然后比较第2个数据和第3个数据,以此类推,直至最后两个数据进行过"比较—交换"为止。

第1个。

爸爸开始施展第三个"魔法"了，他能成功地把怪兽手办整齐地放进柜子里。

第1个怪兽和第2个怪兽哪个高？

那就把它俩互换。

第3个和第4个比，是第3个高，那就把第3个和第4个互换。第4个和第5个比，是第4个高，那就把第4个和第5个互换。这样最高的怪兽就排到了最后面。

这个魔法叫冒泡排序，就像水底的气泡，每当一个气泡漂上来，气泡会慢慢变大，就像个子高的怪兽，会一点点移动到后面，最后最大的那个就冒出来了。

初始数组	3 5 2 1 4	未排序的数组
第一步	3 5 2 1 4	比较3和5 不交换
第二步	3 5 2 1 4	比较5和2 交换
第三步	3 2 5 1 4	比较5和1 交换
第四步	3 2 1 5 4	比较5和4 交换
第五步	3 2 1 4 5	冒泡得出最大值为 5

小知识

生活中需要处理的繁杂琐事有很多，最有效的方法就是将这些琐事合理排序，按顺序处理就会事半功倍，下面介绍一个有效的方法。

先把最近要做的事情一一罗列并记录下来，然后按照下面的方式划分，分别是重要、紧急、不重要、不紧急。

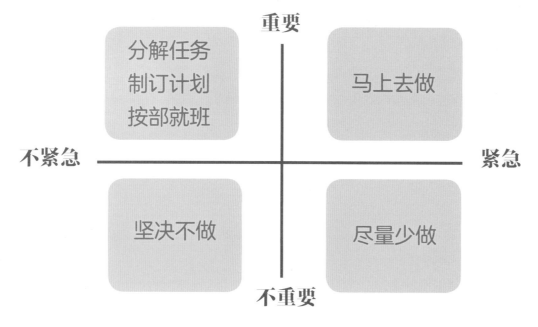

这个方法的名字叫作"四象限法则"。

希希的毛绒玩具可真多。有大象、狮子、老虎、长颈鹿、小老鼠、大河马、小猫。虽然它们高矮不同，但都是希希的好朋友。下面要来给它们排序啦，让我们一起画下来吧！

第一步

【试一试】
给希希的
玩具排序。

第二步

第三步

42

第四步

第五步

第六步

第一步

第二步

第三步

请看答案，你排列得对吗？

第四步

第五步

第六步

45

按照爸爸教的方法，希希很快就把玩具有序地放进了玩具柜，玩具柜里整整齐齐的，希希的房间也整整齐齐的，看着自己用智慧换来的成果，希希开心极了。

希希在假期计划的第一项后面画了一个大大的对号，代表这件事情已经完成了。他准备开启第二项计划——假期作业。

假期作业可不是一天能完成的，于是，希希先把作业用桶排序的方法按学科进行了分类，然后又把每科的作业平均分布到了假期的每一天，这样，作业就不显得那么多了，温故知新，循序渐进。

我们来看看希希是怎样做的。

希希的假期作业完成计划

语文： 阅读作业 20篇

作文作业 4篇

数学： 口算练习 20页

练习册   4页

英语： 口语练习 20篇

听力练习 4篇

看！希希先把作业按科目分了类，并记录了数量。接下来，我们看看希希对每个科目的作业是怎样规划的。以语文作业为例，希希的假期是4周，周一至周五，每天完成1篇阅读作业，周六、周日休息，那么1周就能完成5篇阅读，4周完成20篇；每周写1篇作文，4周完成4篇。数学和英语也是这样规划的。

小朋友们，这个假期，你可以试试希希的这个方法，相信它会让我们轻松学习，快乐玩耍，充分享受假期的美好时光。

【试一试】
请小朋友们按桶排序的方法也制订一份自己的假期作业完成计划吧！

第四章

爸爸的"魔法"(四)

插入排序

 【编程小词典】

插入排序

插入排序，对于少量元素的排序，它是一种有效的算法。它是一种通过"比较—插入"进行排序的方法，将一个元素插入到已经排好序的有序序列中，从而得到一个新的、数据数量增加的有序序列。

我还有第四个"魔法"，想学习的快举手！

快讲讲！

把最开始无序的牌，分为两部分，左边一张为有序的，剩下的是无序的。然后在无序区的牌里拿出一张与有序区的牌比较，按顺序插入到有序区的牌里，这样不停地把无序区的牌插入到有序区里，最后所有的牌就都是有序区的了。

55

	优点	缺点
桶排序	快	数据范围必须是正数且比较小
选择排序	移动数据的次数已知	不稳定，比较次数多
冒泡排序	稳定	慢，每次只能移动相邻两个数据
插入排序	稳定、快	比较次数越多，插入点后的数据移动越多

【小知识】
四种排序的优缺点

图书在版编目（CIP）数据

少儿启蒙编程 . 爸爸的"神秘魔法" / 杜大国, 董冰, 张航著; 一辉映画绘 . -- 北京: 海豚出版社, 2024.4

ISBN 978-7-5110-6778-4

Ⅰ . ①少… Ⅱ . ①杜… ②董… ③张… ④一… Ⅲ . ①程序设计－儿童读物 Ⅳ . ① TP311.1-49

中国国家版本馆 CIP 数据核字 (2024) 第 051971 号

出 版 人：王 磊

责任编辑：王 梦
责任印制：于浩杰 蔡 丽
特约编辑：尹 磊
装帧设计：春浅浅
法律顾问：中咨律师事务所 殷斌律师
出 版：海豚出版社
地 址：北京市西城区百万庄大街 24 号
邮 编：100037
电 话：010-68996147（总编室） 010-68325006（销售）
传 真：010-68996147
印 刷：唐山玺鸣印务有限公司
经 销：全国新华书店及各大网络书店
开 本：12 开（710mm×1000mm）
印 张：20（全 4 册）
字 数：100 千（全 4 册）
印 数：50000
版 次：2024 年 4 月第 1 版 2024 年 4 月第 1 次印刷
标准书号：ISBN 978-7-5110-6778-4
定 价：98.00 元（全 4 册）